甘肃白水江
国家级自然保护区
珍稀濒危植物

刘晓娟 主编

中国林业出版社
·北京·

图书在版编目(CIP)数据

甘肃白水江国家级自然保护区珍稀濒危植物 / 刘晓娟主编. — 北京：中国林业出版社, 2021.4
ISBN 978-7-5219-1100-8

①甘… Ⅱ.①刘… Ⅲ.①自然保护区-珍稀植物-濒危植物-甘肃 Ⅳ.①Q948.524.2

中国版本图书馆CIP数据核字(2021)第054709号

中国林业出版社·自然保护分社（国家公园分社）

策划编辑：刘家玲
责任编辑：刘家玲　甄美子

出版发行	中国林业出版社 (100009　北京市西城区德内大街刘海胡同7号)
电　　话	(010)83143519　83143616
制　　版	北京美光设计制版有限公司
印　　刷	河北京平诚乾印刷有限公司
版　　次	2021年4月第1版
印　　次	2021年4月第1次印刷
开　　本	635mm×965mm　1/64
印　　张	2.75
字　　数	100千字
定　　价	30.00元

未经许可，不得以任何方式复制或抄袭本书之部分或全部内容。
©版权所有　侵权必究

编辑委员会

主　编：
刘晓娟（甘肃农业大学林学院 副教授）

副主编：
田　青（甘肃农业大学林学院 教授）
孙学刚（甘肃农业大学林学院 教授）
刘兴明（甘肃白水江国家级自然保护区管理局
　　　　正高级工程师）

编委会（按姓氏拼音排序）：
班文斌　何　敏　黄华梨　焦　辉　李仁洪
刘晓娟　刘兴明　孟　斌　任景成　舒玉平
宋　捷　宋玲玲　宋艳斌　孙学刚　田　青
王建宏　杨培斌　张　华

摄　影：
孙学刚　刘晓娟　王建宏　毛王选　舒玉平
金效华　石昌魁　班文琴

前言

甘肃白水江国家级自然保护区（以下简称保护区）是甘肃省独具北亚热带生态环境特征和生物资源组合的自然景观区，也是大熊猫国家公园白水江片区的主体，保护对象是以大熊猫、珙桐为主的多种珍稀濒危野生动植物及其赖以生存的自然生态环境。保护区境内地貌复杂，相对高差大，生境多样，气候温暖湿润，为多种植物类群的系统发育、演化及保存提供了适宜的生态条件，是甘肃省内植物物种多样性最为丰富的地区，其中已知维管植物有225科984属2858种（含种下类群），拥有珙桐（*Davidia involucrata* Baill.）、红豆杉［*Taxus wallichiana* Zucc. var. *chinensis* (Pilger) Florin］、独叶草（*Kingdonia uniflora* I. B. Balf. & W. W. Smith）等诸多国家级重点保护野生植物和珍稀濒危植物。

基于在该地区多年的实地调查积累，经鉴定、整理和编辑，本书以图文并茂的形式将保护区境内分布的主要珍稀濒危植物和国家重点保护野生植物呈现给读者，旨在激发公众生物多样性保护意识，并为保护区管理人员和专业技术人员提供简便实用的工具书。书中共收录珍稀濒危植物和国家重点保护野生植物18科47属78种2变种，各类群的中文名、拉丁学名和系统顺序均参照《Flora of China》；分布范围依据各种植物的天然种群或个体在保护区境内的具体分布地点和实际垂直分布范围，并结合文献记载修正；物种濒危等级参考《世界自然保护联盟濒危物种红色名录》（IUCN 红色名录）、《中国植物红皮书》和《中国物种红色名录》，划分为绝灭（EX, Extinct）、野外绝灭（EW, Extinct in the Wild）、极危（CR, Critically Endangered）、濒危（EN, Endangered）、易危（VU, Vulnerable）、近危（NT, Near Threatened）、无危（LC, Least Concern）和未评估（NE, Not Evaluated）；保护等级参照《中国国家重点保护野生植物名录（第一批）》和《中国国家重点保护野生植物名录（第二批）》（讨论稿）；对《濒危野生动植物种国际贸易公约》（Convention on International Trade in Endangered Species of Wild Fauna and Flora, CITES）中规定的履约物种也列出了其所属附录位置。

在野外调查工作中，甘肃白水江国家级自然保护区管理局给予了全力支持，管理局和各保护站诸多相关人员也都积极参与和配合，在此一并致谢。

本书出版得到了甘肃农业大学林学学科培育建设项目（项目号：038220001）资助。

由于编者知识和水平有限，书中难免还有不足之处，恳望专家和读者批评指正。

编者
2020 年 11 月于兰州

目 录

前言

裸子植物

银杏科
银杏 ……………… 2

松科
麦吊云杉 …………… 4
秦岭冷杉 …………… 6

红豆杉科
红豆杉 ……………… 8

被子植物

水青树科
水青树 ……………… 12

连香树科
连香树 ……………… 14

芍药科
紫斑牡丹 …………… 16
美丽芍药 …………… 18

毛茛科
独叶草 ……………… 20

木兰科
厚朴 ………………… 22

景天科
德钦红景天 ………… 24

虎耳草科
东北茶藨子 ………… 26

豆科
红豆树 ……………… 28

猕猴桃科
软枣猕猴桃 ………… 30
狗枣猕猴桃 ………… 32
四萼猕猴桃 ………… 34
葛枣猕猴桃 ………… 36

中华猕猴桃·············38
蓝果树科
喜树·················40
珙桐·················42
光叶珙桐··············44
小檗科
南方山荷叶············46
茜草科
香果树···············48
百合科
七叶一枝花············50
文县重楼·············52
北重楼···············54
薯蓣科
穿龙薯蓣·············56
兰科
绿花杓兰·············58
西藏杓兰·············60
褐花杓兰·············62
毛杓兰···············64
扇脉杓兰·············66
对叶杓兰·············68

斑叶兰···············70
卧龙斑叶兰············72
天麻·················74
绶草·················76
宋氏绶草·············78
二叶盔花兰············80
华西小红门兰··········82
广布小红门兰··········84
蜻蜓舌唇兰············86
对耳舌唇兰············88
舌唇兰···············90
小花舌唇兰············92
凹舌掌裂兰············94
角盘兰···············96
一花无柱兰············98
棒距无柱兰···········100
尖唇鸟巢兰···········102
手参················104
西南手参············106
短距手参············108
小花玉凤花··········110
毛萼山珊瑚··········112

银兰 ……………… 114	少花鹤顶兰 ……… 142
头蕊兰 …………… 116	三棱虾脊兰 ……… 144
火烧兰 …………… 118	流苏虾脊兰 ……… 146
大叶火烧兰 ……… 120	峨边虾脊兰 ……… 148
小白及 …………… 122	细花虾脊兰 ……… 150
黄花白及 ………… 124	肾唇虾脊兰 ……… 152
羊耳蒜 …………… 126	弧距虾脊兰 ……… 154
小羊耳蒜 ………… 128	戟形虾脊兰 ……… 156
原沼兰 …………… 130	独蒜兰 …………… 158
长叶山兰 ………… 132	瘦房兰 …………… 160
杜鹃兰 …………… 134	
独花兰 …………… 136	主要参考文献 …… 162
春兰 ……………… 138	中文名索引 ……… 163
蕙兰 ……………… 140	拉丁名索引 ……… 165

裸子植物
GYMNOSPERMAE

银杏

Ginkgo biloba Linn.

落叶乔木；幼树树皮灰白色，浅纵裂，大树树皮深纵裂。大枝近轮生，具短枝。叶扇形，具长柄，有多数叉状并列细脉，边缘全缘，或具波状缺刻，或2裂，基部宽楔形；叶在长枝上螺旋状散生，在短枝上簇生。雌雄异株；雄球花柔黄花序状；雌球花具长梗，梗端分两叉，每叉顶生一盘状珠座，胚珠着生其上，通常仅1个发育。种子核果状，具长梗，下垂，近圆球形，径约2厘米，外种皮肉质，熟时橙黄色，外被白粉。

产于中庙、范坝、铁楼、刘家坪、碧口、玉垒，生于海拔600~1000米天然林中。

中国特有	濒危等级	保护等级	CITES
是	CR	I级（第一批）	未收录

银杏科

麦吊云杉

Picea brachytyla (Franch.) E. Pritz.

常绿乔木；树冠尖塔形。小枝较细而下垂。小枝上面的叶覆瓦状向前伸展，两侧及下面的叶排成2列；叶扁平条形，长1~2.2厘米，宽1~1.5毫米，先端尖或微尖；叶背有2条白粉气孔带。球果单生枝顶，下垂，矩圆状圆柱形，长6~12厘米，宽2.5~3.8厘米，成熟时褐色或微带紫色；种鳞倒卵形，长1.4~2.2厘米，宽1.1~1.3厘米。

产于邱家坝、铁楼、范坝，生于海拔2150~3300米地带。

中国特有	濒危等级	保护等级	CITES
否	LC	II级（第一批）	未收录

松科

秦岭冷杉

Abies chensiensis Tiegh.

常绿乔木。小枝淡黄灰色至淡褐黄色。枝条下面的叶排成2列；叶扁平条形，长1.5～4.8厘米，先端有凹缺，背面有2条白色气孔带。球果着生叶腋，直立，圆柱形或卵状圆柱形，长7～11厘米，径3～4厘米，熟时褐色；种鳞肾形，长约1.5厘米，宽约2.5厘米，鳞背露出部分密生短毛；苞鳞不外露，边缘有细缺齿，中央有短急尖头。

产于铁楼、丹堡，生于海拔1950～2300米地带。

中国特有	濒危等级	保护等级	CITES
是	VU	Ⅱ级（第一批）	未收录

松科

红豆杉

Taxus wallichiana Zucc. var. *chinensis* (Pilger) Florin

　　常绿乔木；树皮裂成条片脱落。叶排成2列，条形，先端尖，长1.5~2.2厘米，宽2~3毫米。雄球花淡黄色，雄蕊8~14。种子外面有杯状红色肉质的假种皮，常呈卵圆形，长5~7毫米，直径3.5~5毫米，微扁或圆。

　　产于范坝、刘家坪，生于海拔1000米山地。

中国特有	濒危等级	保护等级	CITES
否	VU	I级（第一批）	附录II

红豆杉科

被子植物
ANGIOSPERMAE

水青树

Tetracentron sinense Oliv.

落叶乔木；树皮片状脱落。长枝顶生，细长，短枝侧生，距状。叶片卵状心形，长7~15厘米，宽4~11厘米，顶端渐尖，基部心形，边缘具腺齿，背面略被白霜，掌状脉5~7；叶柄长2~3.5厘米。花小，呈下垂穗状花序，着生于短枝顶端。蓇葖果长圆形，长3~5毫米，棕色。

产于碧口、丹堡、铁楼、范坝、刘家坪，生于海拔1500米沟谷林及溪边杂木林中。

中国特有	濒危等级	保护等级	CITES
否	NE	II级（第一批）	附录III

水青树科

连香树

Cercidiphyllum japonicum Sieb. & Zucc.

落叶大乔木。短枝在长枝上对生。生短枝上的叶近圆形或心形,生长枝上的叶椭圆形或三角形,长4~7厘米,宽3.5~6厘米,先端圆钝或急尖,基部心形或截形,边缘有圆钝腺齿,下面灰绿色带粉霜,掌状脉7条直达边缘;叶柄长1~2.5厘米。雄花常4朵丛生,近无梗;雌花2~8朵丛生。蓇葖果2~4个,荚果状,长10~18毫米,宽2~3毫米,褐色或黑色,微弯曲,先端有宿存花柱。

产于范坝乡、李子坝、刘家坪、铁楼,生于海拔1400~2500米山谷边缘或林中开阔地。

中国特有	濒危等级	保护等级	CITES
否	NE	II级(第一批)	附录III

连香树科

紫斑牡丹

Paeonia rockii (S. G. Haw & Lauener) T. Hong & J. J. Li

落叶灌木。叶为二至三回羽状复叶；顶生小叶宽卵形，3裂至中部；侧生小叶狭卵形或长圆状卵形，不等2裂至3浅裂或不裂。花单生枝顶，直径10~17厘米；花瓣5，或为重瓣，花瓣白色，内面基部具深紫色斑块。蓇葖果长圆形，密生黄褐色硬毛。

产于刘家坪、中庙，生于海拔1520米山坡林下灌丛中。

中国特有	濒危等级	保护等级	CITES
是	VU	II级（第二批）	未收录

美丽芍药

Paeonia mairei H. Lévl.

多年生草本，高 0.5~1 米。二回三出复叶；叶片长 15~23 厘米；顶生小叶长圆状卵形，长 11~16 厘米，宽 5~6.5 厘米，全缘；侧生小叶长圆状狭卵形，长 7~9 厘米，宽 3~3.5 厘米，基部偏斜；叶柄长 4~9 厘米。花单生茎顶，直径 6.5~12 厘米；苞片线状披针形，比花瓣长；萼片 5，宽卵形；花瓣 7~9，红色，倒卵形；花盘浅杯状，包住心皮基部；心皮 2~3，密生黄褐色短毛。蓇葖果长 3~3.5 厘米，顶端具外弯的喙。

产于范坝、邱家坝，生于海拔 1750~2310 米山坡林缘阴湿处。

中国特有	濒危等级	保护等级	CITES
是	NT	II 级（第二批）	未收录

芍药科

毛茛科

独叶草

Kingdonia uniflora I. B. Balf. & W. W. Smith

多年生小草本。根状茎细长，自顶端芽中生出1叶和1条花葶。叶基生，有长柄，叶片心状圆形，宽3.5~7厘米，5全裂，中、侧全裂片3浅裂，最下面的全裂片不等2深裂，顶部边缘有小锯齿；叶柄长5~11厘米。花葶高7~12厘米。花直径约8毫米；萼片5~6，淡绿色，卵形，长5~7.5毫米。瘦果扁，狭倒披针形，长1~1.3厘米，宽约2.2毫米，宿存花柱长3.5~4毫米，向下反曲。

产于邱家坝、铁楼，生于海拔2880~3370米山地冷杉林下或杜鹃灌丛下。

中国特有	濒危等级	保护等级	CITES
是	VU	I级（第一批）	未收录

厚朴

Houpoëa officinalis (Rehd. & E. H. Wils.) N. H. Xia & C. Y. Wu

落叶乔木；顶芽大。叶近革质，7~9片聚生于枝端，长圆状倒卵形，长22~45厘米，宽10~24厘米，先端具短急尖或圆钝，基部楔形，下面被灰色柔毛，有白粉；叶柄粗壮，长2.5~4厘米，托叶痕长为叶柄的2/3。花白色，径10~15厘米；花梗粗短；花被片9~12，厚肉质，外轮3片淡绿色，长圆状倒卵形，长8~10厘米，宽4~5厘米，内2轮白色，倒卵状匙形，长8~8.5厘米，宽3~4.5厘米；雌、雄蕊多数。聚合果长圆状卵圆形，长9~15厘米；蓇葖果具长3~4毫米的喙。

碧口、范坝有栽培。

中国特有	濒危等级	保护等级	CITES
是	VU	I级（第一批）	未收录

木兰科

德钦红景天

Rhodiola atuntsuensis (Praeg.) S. H. Fu

多年生草本。分枝少，长3～5厘米，老茎宿存。花茎多，不分枝，直立，长4厘米，基部被鳞片。单叶互生，长圆状卵形或宽长圆状披针形，长6毫米，宽2.5毫米，全缘。花序顶生，密集，近伞形；花两性；萼片5，线形或披针形，长1.5～2.5毫米；花瓣5，黄色，近直立，长圆形，长3.5～4.5毫米，宽1毫米，先端有短尖；雄蕊10；鳞片5，半椭圆形，长1毫米；心皮5，直立，长2.5毫米，花柱长1毫米。

产于邱家坝，生于海拔3300米岩石缝隙中。

中国特有	濒危等级	保护等级	CITES
否	EN	Ⅱ级（第二批）	未收录

虎耳草科

东北茶藨子

Ribes mandshuricum (Maxim.) Kom.

落叶灌木。叶宽大,长5~10厘米,宽几与长相似,基部心脏形,掌状3裂,稀5裂,裂片卵状三角形,顶生裂片比侧生裂片稍长,边缘具不整齐粗锐锯齿或重锯齿;叶柄长4~7厘米,具短柔毛。总状花序长7~16厘米,下垂,具花40~50朵;花萼浅绿色或带黄色;花瓣近匙形,浅黄绿色。浆果球形,直径7~9毫米,红色,无毛。

产于邱家坝、丹堡,生于海拔1800~2600米针阔混交林下或杂木林下。

中国特有	濒危等级	保护等级	CITES
是	NE	II级(第二批)	未收录

虎耳草科

红豆树

Ormosia hosiei Hemsl. & E. H. Wils.

常绿或落叶乔木。奇数羽状复叶,长 12.5~23 厘米;叶柄长 2~4 厘米,叶轴长 3.5~7.7 厘米;小叶 2~4 对,薄革质,卵形或卵状椭圆形,长 3~10.5 厘米,宽 1.5~5 厘米;小叶柄长 2~6 毫米。圆锥花序顶生或腋生,长 15~20 厘米,下垂;花疏,有香气;花梗长 1.5~2 厘米;花冠白色或淡紫色。荚果近圆形,扁平,长 3.3~4.8 厘米,宽 2.3~3.5 厘米,先端有短喙,果颈长约 5~8 毫米;种子近圆形或椭圆形,长 1.5~1.8 厘米,种皮红色。

产于范坝乡、中庙,生于海拔 700~900 米河旁、山坡或山谷林内。

中国特有	濒危等级	保护等级	CITES
是	EN	II 级(第一批)	未收录

软枣猕猴桃

Actinidia arguta (Sieb. & Zucc.) Planch. ex Miq.

大型落叶藤本。叶卵形至近圆形，长6~12厘米，宽5~10厘米，边缘具密的锐锯齿；叶柄长3~10厘米。花序腋生或腋外生，1~2回分枝，具1~7花，被绒毛；花序柄长7~10毫米，花柄8~14毫米；苞片线形，长1~4毫米；花绿白色或黄绿色，芳香，直径1.2~2厘米；萼片4~6枚，卵圆形至长圆形，长3.5~5毫米；花瓣4~6片，楔状倒卵形，长7~9毫米，1花4瓣的其中有1片二裂至半。浆果圆球形至柱状长圆形，长2~3厘米，无毛，成熟时绿黄色或紫红色。

产于碧口、大团鱼河、丹堡、范坝、铁楼，生于海拔650~1200米林中。

中国特有	濒危等级	保护等级	CITES
否	LC	II级（第二批）	未收录

31

狗枣猕猴桃

Actinidia kolomikta (Maxim. & Rupr.) Maxim.

大型落叶藤本。叶阔卵形至长方倒卵形，长6～15厘米，宽5～10厘米，边缘有单锯齿或重锯齿；叶柄长2.5～5厘米。聚伞花序，雄性的有花3朵，雌性的通常1花；花序柄和花柄纤弱，花序柄长8～12毫米，花柄长4～8毫米；苞片不及1毫米；花白色或粉红色，芳香，直径15～20毫米；萼片5，长方卵形，长4～6毫米；花瓣5片，长方倒卵形，长6～10毫米。浆果柱状长圆形或球形，长达2.5厘米，果皮洁净无毛，无斑点，未熟时暗绿色，成熟时淡橘红色，并有深色的纵纹；果熟时花萼脱落。

产于李子坝、碧口、邱家坝、刘家坪、山王庙、石坊、铁楼、丹堡，生于海拔1500～2800米林中开阔地。

中国特有	濒危等级	保护等级	CITES
否	LC	II级（第二批）	未收录

猕猴桃科

四萼猕猴桃

Actinidia tetramera Maxim.

中型落叶藤本。叶长方卵形至椭圆披针形,长4~8厘米,宽2~4厘米,顶端长渐尖,边缘有细锯齿;叶柄水红色,长1.2~3.5厘米。花白色,渲染淡红色,通常1花单生,极少为2~3朵成聚伞花序的;苞片退化;萼片4片,少数5片,长方卵形,长4~5毫米;花瓣4片,少数5片,瓢状倒卵形,长7~10毫米。果熟时橘黄色,卵珠状,长1.5~2厘米,无毛,无斑点,有反折的宿存萼片。

产于刘家坪、邱家坝、丹堡、铁楼,生于海拔1700~2750米山地林中。

中国特有	濒危等级	保护等级	CITES
是	NT	II级(第二批)	未收录

猕猴桃科

葛枣猕猴桃

Actinidia polygama (Sieb. & Zucc.) Maxim.

大型落叶藤本。叶卵形或椭圆卵形,长7~14厘米,宽4.5~8厘米,顶端急渐尖至渐尖,边缘有细锯齿;叶柄长1.5~3.5厘米。花序1~3花,花序柄长2~3毫米,花柄长6~8毫米;苞片长约1毫米;花白色,芳香,直径2~2.5厘米;萼片5,卵形至长方卵形,长5~7毫米;花瓣5,倒卵形至长方倒卵形,长8~13毫米。浆果成熟时淡橘色,卵珠形或柱状卵珠形,长2.5~3厘米,无毛,无斑点,顶端有喙,基部有宿存萼片。

产于李子坝、刘家坪、邱家坝、铁楼,生于海拔1800~2000米林中。

中国特有	濒危等级	保护等级	CITES
否	LC	II级(第二批)	未收录

猕猴桃科

中华猕猴桃

Actinidia chinensis Planch.

大型落叶藤本。叶倒阔卵形至近圆形,长6~17厘米,宽7~15厘米,顶端截平并中间凹入或具突尖至短渐尖,边缘具睫状小齿,背面密被毛;叶柄长3~10厘米,密被毛。聚伞花序1~3花;花柄长9~15毫米;花初开时白色,后变淡黄色,有香气,直径1.8~3.5厘米;萼片5,阔卵形至卵状长圆形,长6~10毫米,两面密被黄褐色绒毛;花瓣5,阔倒卵形,有短距,长10~20毫米,宽6~17毫米。浆果黄褐色,近球形或椭圆形,长4~6厘米,被毛,成熟时秃净或不秃净,具小而多的淡褐色斑点;宿存萼片反折。

产于大团鱼河、碧口、范坝、刘家坪、中庙,生于海拔800~1000米灌丛或疏林中。

中国特有	濒危等级	保护等级	CITES
是	NE	II级(第二批)	未收录

猕猴桃科

喜树

Camptotheca acuminata Decne.

落叶乔木。单叶互生,矩圆状卵形或矩圆状椭圆形,长12~28厘米,宽6~12厘米,全缘,侧脉11~15对,显著;叶柄长1.5~3厘米。头状花序近球形,直径1.5~2厘米,常由2~9个头状花序组成圆锥花序,顶生或腋生;总花梗圆柱形,长4~6厘米;花杂性,同株。翅果矩圆形,长2~2.5厘米,两侧具窄翅,幼时绿色,干燥后黄褐色,着生成近球形的头状果序。

碧口、范坝和中庙有栽培。

中国特有	濒危等级	保护等级	CITES
是	LC	Ⅱ级(第一批)	未收录

蓝果树科

蓝果树科

珙桐

Davidia involucrata Baill.

落叶乔木。单叶互生，阔卵形或近圆形，长9～15厘米，宽7～12厘米，基部心形，边缘有三角形而先端锐尖的粗锯齿，下面密被丝状粗毛；叶柄长4～5厘米。两性花与雄花同株，由多数的雄花与1个雌花或两性花组成近球形的头状花序，直径约2厘米，基部具纸质、矩圆状卵形、花瓣状的苞片2～3枚，长7～15厘米，宽3～5厘米，初淡绿色，继变为乳白色，后变为棕黄色而脱落。核果长卵圆形，长3～4厘米，直径15～20毫米，紫绿色具黄色斑点；果梗粗壮。

产于刘家坪、店坝、范坝、碧口、肖家坝，生于海拔1300～1900米阔叶林中。

中国特有	濒危等级	保护等级	CITES
是	NE	I级（第一批）	未收录

蓝果树科

光叶珙桐

Davidia involucrata Baill. var. *vilmoriniana* (Dode) Wanger.

与珙桐的区别在于本变种叶下面常无毛,或幼时叶脉上被很稀疏的短柔毛及粗毛,有时下面被白霜。

产于刘家坪、店坝、范坝、碧口、肖家坝,生于海拔 1300~1900 米阔叶林中。

中国特有	濒危等级	保护等级	CITES
是	NE	I 级(第一批)	未收录

南方山荷叶

Diphylleia sinensis H. L. Li

多年生草本，高 40~80 厘米。下部叶柄长 7~20 厘米，上部叶柄长 2.5~13 厘米；叶片盾状着生，肾形至横向长圆形，下部叶片长 19~40 厘米，宽 20~46 厘米，上部叶片长 6.5~31 厘米，宽 19~42 厘米，呈 2 半裂，每半裂具 3~6 浅裂或波状，边缘具不规则锯齿。聚伞花序顶生，具花 10~20 朵；花小，白色。浆果球形或阔椭圆形，长 10~15 毫米，直径 6~10 毫米，熟后蓝黑色，微被白粉，果梗淡红色。

产于邱家坝，生于海拔 1800~2500 米林下或灌丛下。

中国特有	濒危等级	保护等级	CITES
是	NE	I 级（第一批）	未收录

小檗科

香果树

Emmenopterys henryi Oliv.

落叶大乔木。单叶对生，阔椭圆形或卵状椭圆形，长6~30厘米，宽3.5~14.5厘米，全缘，下面较苍白；叶柄长2~8厘米；托叶大，三角状卵形，早落。圆锥状聚伞花序顶生；花芳香，花梗长约4毫米；萼管长约4毫米，变态的叶状萼裂片白色、淡红色或淡黄色，匙状卵形或广椭圆形，长1.5~8厘米，宽1~6厘米，有长1~3厘米的柄；花冠漏斗形，白色或黄色，长2~3厘米，被黄白色绒毛，裂片近圆形。蒴果长圆状卵形，长3~5厘米。

产于碧口、李子坝、刘家坪、范坝、丹堡、红洞河，生于海拔800~1300米山谷林中。

中国特有	濒危等级	保护等级	CITES
是	NE	II级（第一批）	未收录

茜草科

七叶一枝花

Paris polyphylla Smith

多年生草本，高 35～100 厘米。根状茎棕褐色，密生多数环节和须根。叶 5～10 枚轮生，椭圆形或倒卵状披针形，长 7～15 厘米，宽 2.5～5 厘米；叶柄长 2～6 厘米。花梗长 5～30 厘米；外轮花被片绿色，3～6 枚，狭卵状披针形，长 3～7 厘米；内轮花被片狭条形，比外轮长。蒴果具纵棱，直径 1.5～2.5 厘米，3～6 瓣裂开。

产于李子坝、碧口、范坝、刘家坪、邱家坝、铁楼，生于海拔 920～2900 米林下。

中国特有	濒危等级	保护等级	CITES
否	NE	Ⅱ级（第二批）	未收录

百合科

文县重楼

Paris wenxianensis Z. X. Peng & R. N. Zhao

多年生草本，高 60～100 厘米；根状茎黄褐色，密生多数环节和须根。叶 10～13 枚轮生，椭圆状披针形，长 14～19 厘米，宽 2.5～5 厘米；叶柄极短。花梗长 14～25 厘米，被毛；外轮花被片 6 枚，绿色，狭卵状披针形，长 5.5～9.5 厘米；内轮花被片线形，黄绿色，明显比外轮短；药隔突出部分长达 1.6 厘米。蒴果带紫色。

产于铁楼、邱家坝，生于海拔 1900～2400 米林下。

中国特有	濒危等级	保护等级	CITES
是	CR	Ⅱ级（第二批）	未收录

百合科

北重楼

Paris verticillata M.-Bieb.

多年生草本，高 25~60 厘米。根状茎细长。叶 5~8 枚轮生，披针形、狭矩圆形、倒披针形或倒卵状披针形，长 4~15 厘米，宽 1.5~3.5 厘米，具短柄或近无柄。花梗长 4.5~12 厘米；外轮花被片绿色，叶状，通常 4~5 枚，卵状披针形，长 2~3.5 厘米，宽 0.6~3 厘米；内轮花被片黄绿色，条形，长 1~2 厘米。蒴果浆果状，不开裂，直径约 1 厘米。

产于邱家坝、铁楼、丹堡，生于海拔 1800~2750 米山坡林下、草丛或阴湿地。

中国特有	濒危等级	保护等级	CITES
否	LC	Ⅱ级（第二批）	未收录

百合科

穿龙薯蓣

Dioscorea nipponica Makino

缠绕草质藤本。根状茎横生，圆柱形，多分枝。茎单叶互生，叶柄长 10～20 厘米；叶片掌状心形，变化较大，茎基部叶长 10～15 厘米，宽 9～13 厘米，边缘不等大的三角状浅裂至深裂，顶端叶片小，近全缘。雌雄异株；雄花序为腋生的穗状花序；雌花序穗状，单生。蒴果成熟后枯黄色，三棱形，棱翅状，长约 2 厘米，宽约 1.5 厘米。

产于范坝、碧口、草河坝、丹堡、店坝、李子坝、刘家坪、岷堡、石坊、铁楼，生于海拔 650～3000 米林下、山坡灌丛中和林缘。

中国特有	濒危等级	保护等级	CITES
否	NE	Ⅱ级（第二批）	未收录

薯蓣科

绿花杓兰

Cypripedium henryi Rolfe

地生草本，高 30~60 厘米。叶椭圆状至卵状披针形，长 10~18 厘米，宽 6~8 厘米。花序顶生，通常具 2~3 花；花苞片叶状，长 4~10 厘米，宽 1~3 厘米；花梗和子房长 2.5~4 厘米，密被白色腺毛；花绿色至绿黄色；中萼片卵状披针形，长 3.5~4.5 厘米，宽 1~1.5 厘米；合萼片与中萼片相似，先端 2 浅裂；花瓣线状披针形，长 4~5 厘米；唇瓣深囊状，椭圆形，长 2 厘米，宽 1.5 厘米，囊底有毛。

产于草河坝、范坝、刘家坪、丹堡，生于海拔 1160~1720 米疏林下、林缘和灌丛中。

中国特有	濒危等级	保护等级	CITES
是	NT	I 级（第二批）	附录 II

西藏杓兰

Cypripedium tibeticum
King ex Rolfe

地生草本，高15～35厘米。叶通常3枚，椭圆形、卵状椭圆形或宽椭圆形，长8～16厘米，宽3～9厘米。花序顶生，具1花；花苞片叶状，长6～11厘米，宽2～5厘米；花大，俯垂，紫色、紫红色或暗栗色，通常有淡绿黄色的斑纹，唇瓣的囊口周围有白色或浅色的圈；中萼片椭圆形，长3～6厘米，宽2.5～4厘米，合萼片略短而狭，先端2浅裂；花瓣披针形，长3～6厘米，宽1.5～3厘米，内表面基部密生短柔毛；唇瓣深囊状，近球形至椭圆形，长3.5～6厘米，外表面常皱缩，囊底有长毛。

产于丹堡、邱家坝，生于海拔2200～3300米林下、林缘、草坡或乱石地上。

中国特有	濒危等级	保护等级	CITES
否	LC	I级（第二批）	附录II

褐花杓兰

Cypripedium calcicola Schltr.

地生草本,高15~45厘米。叶椭圆形,长5~17厘米,宽4~6厘米,边缘有细缘毛。花序顶生,具1花;花苞片叶状,长10厘米,宽2~2.5厘米;花深紫色或紫褐色;中萼片椭圆状卵形,长3~5厘米,宽1.9~2.2厘米,合萼片椭圆状披针形,长3~4厘米,宽1.5~2厘米,先端2浅裂;花瓣卵状披针形,长4~5厘米,宽8~9毫米;唇瓣深囊状,椭圆形,长3.5~4.2厘米,宽2.5~2.8厘米,囊底有毛。

产于邱家坝,生于海拔2600~3500米林下、林缘、灌丛中。

中国特有	濒危等级	保护等级	CITES
是	NE	Ⅰ级(第二批)	附录Ⅱ

兰科

毛杓兰

Cypripedium franchetii E. H. Wils.

地生草本，高 20～35 厘米。茎密被长柔毛。叶椭圆形或卵状椭圆形，长 10～16 厘米，宽 4～7 厘米。花序顶生，具 1 花；花序柄密被长柔毛；花苞片叶状，长 6～8 厘米，宽 2～3.5 厘米；花淡紫红色至粉红色，有深色脉纹；中萼片椭圆状卵形或卵形，长 4～5.5 厘米，宽 2.5～3 厘米；合萼片椭圆状披针形，长 3.5～4 厘米，宽 1.5～2.5 厘米，先端 2 浅裂；花瓣披针形，长 5～6 厘米，宽 1～1.5 厘米，内表面基部被长柔毛；唇瓣深囊状，椭圆形或近球形，长 4～5.5 厘米，宽 3～4 厘米。

产于刘家坪、邱家坝，生于海拔 2200～2500 米疏林下或灌木林中。

中国特有	濒危等级	保护等级	CITES
是	VU	I级（第二批）	附录 II

扇脉杓兰

Cypripedium japonicum Thunb.

地生草本，高 35~55 厘米，具细长的横走根状茎。茎直立，被褐色长柔毛。叶通常 2 枚，近对生；叶片扇形，长 10~16 厘米，宽 10~21 厘米，具扇形辐射状脉直达边缘。花序顶生，具 1 花；花苞片叶状，长 2.5~5 厘米，宽 1~3 厘米；花梗和子房长 2~3 厘米，密被长柔毛；花俯垂；萼片和花瓣淡黄绿色；唇瓣淡黄绿色至淡紫白色，多少有紫红色斑点和条纹；中萼片狭椭圆形；合萼片与中萼片相似，先端 2 浅裂；花瓣斜披针形，长 4~5 厘米；唇瓣下垂，囊状，近椭圆形或倒卵形，长 4~5 厘米，宽 3~3.5 厘米；囊口周围有明显凹槽并呈波浪状齿缺。蒴果近纺锤形。

产于碧口、范坝，生于海拔 1000 米林下或林缘。

中国特有	濒危等级	保护等级	CITES
否	LC	I 级（第二批）	附录 II

兰科

对叶杓兰

Cypripedium debile H. G. Reich.

地生草本，高 10~30 厘米。茎直立，纤细，顶端生 2 枚叶。叶对生，平展；叶片宽卵形或近心形，长宽近相等，2.5~7 厘米。花序顶生，俯垂，具 1 花；花苞片线形，长 1.5~3 厘米；花梗和子房长 8~14 毫米；花较小，常下弯而位于叶之下方；萼片和花瓣淡绿色或淡黄绿色，在基部有栗色斑；中萼片狭卵状披针形；合萼片与中萼片相似；花瓣披针形；唇瓣深囊状，近椭圆形，长 1~1.5 厘米，白色并有栗色斑，囊底有细毛；退化雄蕊近圆形。蒴果狭椭圆形。

产于丹堡、铁楼，生于海拔 1500~2500 米林下。

中国特有	濒危等级	保护等级	CITES
否	LC	I 级（第二批）	附录 II

兰科

斑叶兰

Goodyera schlechtendaliana H. G. Reich.

地生草本，高 15~35 厘米。叶 4~6 枚，卵形，长 3~8 厘米，宽 0.8~2.5 厘米，上面绿色，具白色不规则的点状斑纹；叶柄长 4~10 毫米，基部扩大成抱茎的鞘。花茎长 10~28 厘米，被长柔毛；总状花序长 8~20 厘米，具几朵至 20 余朵疏生近偏向一侧的花；花较小，白色或带粉红色，半张开；萼片背面被柔毛；唇瓣卵形，长 6~8.5 毫米，基部凹陷呈囊状，前部舌状，略向下弯。

产于碧口、刘家坪，生于海拔 1200~1760 米山坡或沟谷阔叶林下。

中国特有	濒危等级	保护等级	CITES
否	NT	Ⅱ级（第二批）	附录Ⅱ

兰科

卧龙斑叶兰

Goodyera wolongensis K. Y. Lang

地生草本，高 15～18 厘米。根状茎匍匐，具节；茎直立，具 3～4 枚叶。叶片卵形，长 1.5～2 厘米，宽 1～1.5 厘米，上面绿色，无白色斑纹，先端急尖，基部圆形，骤狭成柄；叶柄长 4～8 毫米，下部扩大成抱茎的鞘。花茎长 9～12 厘米，被短柔毛，下部具 3～4 枚鞘状苞片；总状花序具 12～18 朵花；花苞片披针形，较子房长；子房纺锤形，被短柔毛，连花梗长 3～4 毫米；花小，白色，半张开；中萼片卵形，长 3 毫米，宽 2 毫米，与花瓣粘合呈兜状；侧萼片斜椭圆形，长 3.5 毫米，宽 1.5 毫米；花瓣近卵形，较中萼片短；唇瓣半球形、帽状，前部短而钝，后部长，凹陷，囊状。

产于邱家坝，生于海拔 3200 米冷杉林下阴湿处。

中国特有	濒危等级	保护等级	CITES
是	VU	II 级（第二批）	附录 II

兰科

兰科

天麻
Gastrodia elata Blume

腐生草本，高30～100厘米，有时可达2米。根状茎块茎状，肉质，长8～12厘米，直径3～7厘米。无绿叶。总状花序长5～50厘米，通常具30～50朵花；花苞片长圆状披针形，长1～1.5厘米；花梗和子房长7～12毫米；花扭转，橙黄、淡黄、蓝绿或黄白色；萼片和花瓣合生成的花被筒长约1厘米，近斜卵状圆筒形，顶端具5枚裂片；唇瓣长圆状卵圆形，3裂，边缘有不规则短流苏。

产于李子坝、碧口、邱家坝，生于海拔1200～2010米疏林下。

中国特有	濒危等级	保护等级	CITES
否	NE	II级（第二批）	附录II

绶草

Spiranthes sinensis (Pers.) Ames

地生草本，高 10~30 厘米。茎较短，近基部生 2~5 枚叶。叶椭圆形或狭长圆形，长 3~10 厘米，常宽 5~10 毫米，基部收狭成柄状抱茎的鞘。总状花序顶生，具多数密生的小花，似穗状，呈螺旋状扭转，长 4~10 厘米；花小，紫红色、粉红色或白色；中萼片舟状，与花瓣靠合呈兜状，侧萼片偏斜，披针形；花瓣斜菱状长圆形；唇瓣宽长圆形，凹陷，前半部上面具长硬毛且边缘具皱波状啮齿。

产于碧峰沟、丹堡、李子坝、范坝、铁楼，生于海拔 1000~2500 米灌丛下、草地或河滩沼泽草甸中。

中国特有	濒危等级	保护等级	CITES
否	LC	II 级（第二批）	附录 II

兰科

宋氏绶草

Spiranthes sunii Bouff. & W. H. Zhang

地生草本，高 8~20 厘米。叶 5~7 枚，椭圆形至窄披针形，长 1.5~4.5 厘米，宽 0.5~1.2 厘米，全缘，基部收缩成柄。花茎直立，长 6~15 厘米；总状花序长 2.5~6 厘米，被腺毛；小花呈螺旋状扭转，花小，白色；花萼和花瓣靠合；子房圆柱形至纺锤形，微扭曲，带花梗长 7~8 毫米，被腺毛。

产于范坝，生于海拔 800~900 米河滩地。

中国特有	濒危等级	保护等级	CITES
是	CR	待定	附录 II

兰科

二叶盔花兰

Galearis spathulata (Lindl.) P. F. Hunt

地生草本，高 8~15 厘米。下部叶通常 2 枚，近对生，少 1 枚，极罕为 3 枚，狭匙状倒披针形、椭圆形或匙形，长 2.5~9 厘米，宽 0.5~3 厘米，基部渐狭成柄，柄对折，其下部抱茎。花序具 1~20 朵偏向一侧的花；花紫红色或粉红色；中萼片长圆形，凹陷呈舟状，与花瓣靠合呈兜状，侧萼片向后反折；花瓣斜狭卵形；唇瓣向前伸展，3 裂；距圆筒状，常向后斜展或近平展。

产于邱家坝，生于海拔 3000~3300 米山坡灌丛下或高山草地上。

中国特有	濒危等级	保护等级	CITES
否	NE	II 级（第二批）	附录 II

华西小红门兰

Ponerorchis limprichtii (Schltr.) Soó

地生草本，高 4.5~23 厘米。块茎长圆形。叶 1 枚，心形或椭圆状长圆形，长 2.8~6.5 厘米，宽 1.2~6 厘米，上面常具紫色斑点，背面紫绿色，基部抱茎。花序常具几朵至 10 余朵疏生的花，长可达 7 厘米；花紫红色或淡紫色；中萼片近长圆形，凹陷呈舟状，与花瓣靠合呈兜状；侧萼片斜卵形；花瓣直立，舟状；唇瓣向前伸展，外形"品"字形，长约 1 厘米，中部 3 裂；距细圆筒状，长 10~12 毫米，下垂或向后伸展。

产于刘家坪、丹堡，生于海拔 1050~1520 米山坡林下或灌丛下。

中国特有	濒危等级	保护等级	CITES
是	NT	II 级（第二批）	附录 II

兰科

广布小红门兰
Ponerorchis chusua (D. Don) Soó

地生草本,植株高5~45厘米。块茎长圆形。叶1~5枚,多为2~3枚,长圆状披针形,长3~15厘米,宽1~3厘米,基部收狭成抱茎的鞘。花序具1~20朵花,多偏向一侧;花紫红色或粉红色;中萼片长圆形,直立,凹陷呈舟状,与花瓣靠合呈兜状,侧萼片向后反折,卵状披针形;花瓣直立,斜狭卵形;唇瓣向前伸展,3裂;距圆筒状,常向后斜展或近平展。

产于丹堡、铁楼、邱家坝,生于海拔2300~3400米山坡林下、灌丛下、高山灌丛草地或高山草甸中。

中国特有	濒危等级	保护等级	CITES
否	LC	II级(第二批)	附录II

兰科

蜻蜓舌唇兰

Platanthera souliei Kraenzl.

地生草本，高 20~60 厘米。根状茎指状。茎下部的 2~3 枚叶较大，倒卵形或椭圆形，长 6~15 厘米，宽 3~7 厘米，基部收狭成抱茎的鞘，在大叶之上具 1 至几枚苞片状小叶。总状花序狭长，具多数密生的花；花小，黄绿色，似蜻蜓状；中萼片直立，凹陷呈舟状，侧萼片两侧边缘多少向后反折；花瓣斜椭圆状披针形；唇瓣向前伸展，多少下垂，舌状披针形，肉质，长 4~5 毫米；距细长，下垂，稍弧曲。

产于松坪，生于海拔 2200~2500 米山坡林下或沟边。

中国特有	濒危等级	保护等级	CITES
否	NT	II 级（第二批）	附录 II

对耳舌唇兰
Platanthera finetiana Schltr.

地生草本，高 30~60 厘米。根状茎指状。叶 3~4 枚，疏生，长圆形或椭圆状披针形，长 10~16 厘米，宽 2.3~5 厘米，基部成抱茎的鞘。总状花序长 10~18 厘米，具 8~26 朵花，稍密集；花较大，淡黄绿色或白绿色；中萼片卵状椭圆形，舟状，侧萼片反折，斜宽卵形；花瓣斜舌状；唇瓣向前伸展，线形，长 9~10.5 毫米，边缘反折，基部两侧具 1 对四方形的耳和上面具 1 枚凸出的胼胝体；距下垂，细圆筒形，末端稍钩状弯曲。

产于丹堡、邱家坝、碧口，生于海拔 1200~2000 米山坡林下或沟谷中。

中国特有	濒危等级	保护等级	CITES
是	NT	II 级（第二批）	附录 II

舌唇兰

Platanthera japonica (Thunb. ex A. Marray) Lindl.

地生草本，高35~70厘米。根状茎指状。叶3~6枚，自下向上渐小，下部叶片长椭圆形，长10~18厘米，宽3~7厘米，基部成抱茎的鞘，上部叶披针形。总状花序长10~18厘米，具10~28朵花；花大，白色；中萼片卵形，舟状，侧萼片反折，斜卵形；花瓣直立，线形；唇瓣线形，长1.3~2毫米，不分裂，肉质；距下垂，细圆筒状至丝状，长3~6毫米，弧曲。

产于碧口、范坝、刘家坪、丹堡、邱家坝，生于海拔750~2400米山坡林下或草地。

中国特有	濒危等级	保护等级	CITES
否	LC	II级（第二批）	附录II

小花舌唇兰

Platanthera minutiflora Schltr.

地生草本，高 10～30 厘米。根状茎肉质，圆柱形。茎直立，无毛，中部具 1～2 枚苞片状小叶，基部具 1 枚大叶。大叶片匙形或椭圆状匙形，长 5～10 厘米，宽 1～2.5 厘米，无毛，基部收狭成抱茎的长柄。总状花序长 3～8 厘米，具 4～12 朵花；花苞片披针形，几与花等长；子房圆柱形，扭转，无毛，连花梗长达 1 厘米；花黄绿色或绿白色，较小，萼片全缘；中萼片直立，舟状，长 2～3 毫米；侧萼片张开，镰状卵形，长 2.5～3.5 毫米；花瓣斜卵形，与中萼片靠合呈兜状；唇瓣稍外弯，舌状，肉质，不裂，长 2.5～3 毫米；距下垂，长约 1 毫米。

产于邱家坝，生于海拔 3200～3400 米山坡林下。

中国特有	濒危等级	保护等级	CITES
否	NT	Ⅱ级（第二批）	附录Ⅱ

凹舌掌裂兰

Dactylorhiza viridis (Linn.) R. M. Bat.

地生草本，高 14~25 厘米。块茎肉质，前部呈掌状分裂。叶 3~5 枚，狭倒卵状长圆形或椭圆状披针形，长 5~12 厘米，宽 1.5~5 厘米，基部收狭成抱茎的鞘。总状花序具多数花，长 3~15 厘米；花绿黄色或绿棕色；中萼片直立，凹陷呈舟状，侧萼片卵状椭圆形；花瓣线状披针形；唇瓣下垂，肉质，倒披针形，较萼片长，基部具囊状距，前部 3 裂，侧裂片较中裂片长；距卵球形，长 2~4 毫米。

产于碧口、邱家坝，生于海拔 1000~3400 米山坡林下、灌丛下或山谷林缘湿地。

中国特有	濒危等级	保护等级	CITES
否	NE	II 级（第二批）	附录 II

兰科

角盘兰
Herminium monorchis (Linn.) R. Brown

地生草本，高6～35厘米。块茎球形。叶2～3枚，狭椭圆状披针形或狭椭圆形，长3～10厘米，宽8～25毫米，基部渐狭并略抱茎。总状花序长达15厘米，具多数花；花小，黄绿色，垂头；中萼片椭圆形，侧萼片长圆状披针形；花瓣近菱形，在中部多少3裂，中裂片线形；唇瓣与花瓣等长，肉质增厚，基部凹陷呈浅囊状，近中部3裂，中裂片线形，侧裂片三角形，较中裂片短很多。

产于碧口，生于海拔800米左右山坡阔叶林下、灌丛下或河滩沼泽草地中。

中国特有	濒危等级	保护等级	CITES
否	NT	Ⅱ级（第二批）	附录Ⅱ

一花无柱兰

Amitostigma monanthum (Finet) Schltr.

地生草本,高6~12厘米。块茎小,卵球形或圆球形;茎纤细,在近基部至中部具1枚叶,顶生1朵花。叶披针形或狭长圆形,长2~3厘米,宽6~10毫米,基部收狭成抱茎的鞘。花淡紫色、粉红色或白色,具紫色斑点;中萼片直立,凹陷呈舟状,侧萼片狭长圆状椭圆形;花瓣斜卵形,与中萼片相靠合;唇瓣长、宽均约8毫米,基部具距,中部之下3裂,中裂片先端凹缺呈2浅裂;距圆筒状,下垂,长3~4毫米。

产于邱家坝,生于海拔2800~3200米山谷溪边覆有土的岩石上或高山潮湿草地中。

中国特有	濒危等级	保护等级	CITES
是	NE	II级(第二批)	附录II

兰科

棒距无柱兰

Amitostigma bifoliatum T. Tang & F. T. Wang

地生草本,高 6.5~17 厘米。块茎卵球形。叶基生,常 3 枚,下面的 1 枚大,宽卵形,上面的 2 枚近对生,卵状披针形,长 1.5~2.5 厘米,宽 4~8 毫米,基部收狭并抱茎。总状花序具几朵至 10 余朵花,多少偏向一侧;子房圆柱状纺锤形,稍扭转,连花梗长 8 毫米;花小,紫红色或淡紫色;中萼片椭圆状卵形,凹陷呈舟状;侧萼片斜卵状披针形,反折;花瓣斜卵形;唇瓣向前伸展,轮廓为菱形,近基部 3 裂,侧裂片线形,中裂片楔状长圆形;距圆筒状棒形,下垂,长约 3 毫米,向前钩曲。

产于碧口、范坝、刘家坪,生于海拔 600~1650 米山坡阴湿处或山坡灌丛下。

中国特有	濒危等级	保护等级	CITES
是	EN	II 级(第二批)	附录 II

尖唇鸟巢兰

Neottia acuminata Schltr.

腐生草本,高14~30厘米。具短缩的根状茎和成簇的肉质纤维根。无绿叶。总状花序顶生,长4~8厘米,通常具20余朵花;花小,黄褐色,常3~4朵聚生而呈轮生状;中萼片狭披针形,侧萼片与中萼片相似;花瓣狭披针形,长2~3.5毫米;唇瓣形状变化较大,通常卵形、卵状披针形或披针形,长2~3.5毫米,边缘稍内弯。

产于邱家坝,生于海拔2400~2600米林下。

中国特有	濒危等级	保护等级	CITES
否	LC	Ⅱ级(第二批)	附录Ⅱ

手参

Gymnadenia conopsea (Linn.) R. Brown

地生草本，高 20～60 厘米。块茎掌状分裂。叶 4～5 枚，线状披针形、狭长圆形或带形，长 5～15 厘米，宽 1～3 厘米，基部收狭成抱茎的鞘。总状花序长 5.5～15 厘米，具多数密生的花；花粉红色，罕为粉白色；中萼片宽椭圆形，略呈兜状，侧萼片斜卵形，反折，边缘向外卷；唇瓣向前伸展，宽倒卵形，前部 3 裂；距细而长，下垂，长约 1 厘米，稍向前弯。

产于范坝、邱家坝、碧口，生于海拔 1000～3500 米山坡林下、草地或砾石滩草丛中。

中国特有	濒危等级	保护等级	CITES
否	EN	II 级（第二批）	附录 II

西南手参

Gymnadenia orchidis Lindl.

地生草本，高17~35厘米。块茎长1~3厘米，肉质，下部掌状分裂。茎直立，基部具2~3枚筒状鞘，其上具3~5枚叶，上部具1至数枚苞片状小叶。叶片椭圆形或椭圆状长圆形，长4~16厘米，宽2.5~4.5厘米，基部收狭成抱茎的鞘。总状花序具多数密生的花，长4~14厘米；花苞片披针形，最下部的明显长于花；子房纺锤形，连花梗长7~8毫米；花紫红色或粉红色；中萼片直立，卵形，长3~5毫米；侧萼片反折，斜卵形；花瓣直立，斜宽卵状三角形，边缘具波状齿；唇瓣向前伸展，长3~5毫米，前部3裂；距细而长，下垂，长7~10毫米。

产于邱家坝，生于海拔2800~3200米山坡林下和高山草地中。

中国特有	濒危等级	保护等级	CITES
否	VU	Ⅱ级（第二批）	附录Ⅱ

短距手参

Gymnadenia crassinervis Finet

地生草本，高 23~55 厘米。块茎长 2~4 厘米，肉质，下部掌状分裂，裂片细长。茎直立，基部具 2~3 枚筒状鞘，其上具 3~5 枚叶，上部具 1~2 枚苞片状小叶。叶片椭圆状长圆形，长 4.5~10 厘米，宽 1.2~2.3 厘米，基部收狭成抱茎的鞘。总状花序具多数密生的花，长 4~7 厘米；花苞片披针形，较子房长很多；子房纺锤形，连花梗长约 7 毫米；花粉红色，罕带白色；中萼片直立，舟状，长 3.5 毫米；侧萼片张开，斜卵状披针形，长 4.5 毫米；花瓣直立，与中萼片相靠合，边缘具细锯齿，先端急尖；唇瓣向前伸展，宽倒卵形，长 3.5 毫米，宽 2.5 毫米，上面被短柔毛，前部 3 裂；距圆筒状，下垂，长为子房长的 1/2。

产于邱家坝，生于海拔 3200 米山坡杜鹃林下。

中国特有	濒危等级	保护等级	CITES
是	VU	II 级（第二批）	附录 II

小花玉凤花

Habenaria acianthoides Schltr.

地生草本，高 16~20 厘米。块茎肉质，卵圆形；茎纤细，基部具 1 枚叶。叶卵圆形，长 1.5~3 厘米，宽 2.2~2.8 厘米，绿色或紫红色。总状花序长 8~12 厘米，具 10~20 朵较疏生、偏向一侧小花；花很小，黄绿色，直立伸展；中萼片直立，与花瓣靠合呈兜状，侧萼片反折，斜卵形；唇瓣在近基部 1/3 处 3 深裂，中裂片线形，侧裂片丝状；距长圆状筒形，长 1.5 毫米，下垂，微向前弯曲。

产于丹堡，生于海拔 1050 米山坡林下。

中国特有	濒危等级	保护等级	CITES
是	VU	II 级（第二批）	附录 II

兰科

毛萼山珊瑚

Galeola lindleyana (Hook. f. & Thoms.) Rchb.

高大植物，半灌木状。根状茎粗厚。茎直立，高1~3米。圆锥花序由顶生与侧生总状花序组成；侧生总状花序一般较短，长2~5厘米，具数朵至10余朵花；花梗和子房长1.5~2厘米，密被锈色短绒毛；花黄色，直径达3.5厘米；萼片椭圆形至卵状椭圆形，长1.6~2厘米，宽9~11毫米，背面密被锈色短绒毛；侧萼片比中萼片略长；花瓣宽卵形至近圆形，略短于中萼片，无毛；唇瓣凹陷成杯状，近半球形，不裂，边缘具短流苏，内面被乳突状毛；蕊柱棒状，长约7毫米。蒴果近长圆形，长8~20厘米，宽1.7~2.4厘米。

产于碧口，生于海拔1400~1800米疏林下。

中国特有	濒危等级	保护等级	CITES
否	LC	II级（第二批）	附录II

兰科

银兰

Cephalanthera erecta (Thunb.) Blume

地生草本,高 10～40 厘米。叶椭圆形至卵状披针形,长 2～8 厘米,宽 1～2.5 厘米,基部收狭并抱茎。总状花序长 2～8 厘米,具 3～10 朵花;花白色;萼片长圆状椭圆形,长 8～10 毫米;花瓣与萼片相似,但稍短;唇瓣长 5～6 毫米,3 裂,基部有距,侧裂片卵状三角形,中裂片近心形或宽卵形,上面有 3 条纵褶片;距圆锥形,长约 3 毫米。

产于碧口、范坝、刘家坪、邱家坝、丹堡、玉垒,生于海拔 740～2600 米林下、灌丛中或沟边。

中国特有	濒危等级	保护等级	CITES
否	LC	II 级(第二批)	附录 II

头蕊兰

Cephalanthera longifolia (Linn.) Fritsch

地生草本，高20~45厘米。叶4~7枚，宽披针形或长圆状披针形，长3~15厘米，宽1~2.5厘米，基部抱茎。总状花序长2~6厘米，具2~13朵花；花白色，稍开放或不开放；萼片狭椭圆状披针形；花瓣近倒卵形，长7~8毫米，宽约4毫米；唇瓣长5~6毫米，3裂，基部具囊，侧裂片近卵状三角形，多少围抱蕊柱，中裂片三角状心形，上面具3~4条纵褶片，近顶端处密生乳突。

产于碧口、小团鱼河、范坝、玉垒、丹堡、邱家坝、刘家坪，生于海拔910~2700米林下、灌丛中、沟边或草丛中。

中国特有	濒危等级	保护等级	CITES
否	LC	II级（第二批）	附录II

火烧兰

Epipactis helleborine (Linn.) Crantz

地生草本,高20~70厘米。叶4~7枚,互生,卵圆形至椭圆状披针形,长3~13厘米,宽1~6厘米,上部叶披针形或线状披针形。总状花序长10~30厘米,具3~40朵花;花苞片叶状,线状披针形;花小,绿色或淡紫色,下垂;中萼片卵状披针形,舟状,侧萼片斜卵状披针形;花瓣椭圆形,长6~8毫米;唇瓣长6~8毫米,中部明显缢缩,下唇兜状,上唇近三角形或近扁圆形。

产于邱家坝,生于海拔2000~2700米山坡林下、草丛或沟边。

中国特有	濒危等级	保护等级	CITES
否	NE	II级(第二批)	附录II

兰科

大叶火烧兰

Epipactis mairei Schltr.

地生草本,高30~70厘米。叶5~8枚,互生,中部叶较大;叶片卵圆形至椭圆形,长7~16厘米,宽3~8厘米,基部延伸成鞘状抱茎。总状花序长10~20厘米,具10~20朵花;花黄绿色带紫色、紫褐色或黄褐色,下垂;中萼片椭圆形,侧萼片斜卵状披针形;花瓣长椭圆形;唇瓣中部稍缢缩而成上下唇,下唇长6~9毫米,两侧裂片近直立,中央具2~3条鸡冠状褶片,上唇肥厚,卵状椭圆形。

产于刘家坪、岷堡、丹堡、中寨,生于海拔1300~2900米山坡灌丛或草丛。

中国特有	濒危等级	保护等级	CITES
否	NT	II级(第二批)	附录II

小白及

Bletilla formosana (Hayata) Schltr.

地生草本，高 15~50 厘米。假鳞茎扁卵球形，较小，茎具 3~5 枚叶。叶通常线状披针形至狭长圆形，长 6~20（~40）厘米，宽 5~10（~45）毫米，基部收狭成鞘并抱茎。总状花序具 2~6 朵花；花苞片长圆状披针形，长 1~1.3 厘米；子房圆柱形，扭转，长 8~12 毫米；花较小，淡紫色或粉红色；萼片和花瓣狭长圆形，长 15~21 毫米，宽 4~6.5 毫米，近等大；唇瓣椭圆形，长 15~18 毫米，宽 8~9 毫米，中部以上 3 裂；中裂片近圆形，长 4~5 毫米，边缘微波状；唇盘上具 5 条纵脊状褶片。

产于碧口、丹堡、范坝，生于海拔 570~950 米常绿阔叶林、栎林、针叶林下，草坡及岩石缝中。

中国特有	濒危等级	保护等级	CITES
否	EN	II 级（第二批）	附录 II

兰科

黄花白及

Bletilla ochracea Schltr.

地生草本,高 25~55 厘米。假鳞茎扁斜卵形,较大,茎常具 4 枚叶。叶长圆状披针形,长 8~35 厘米,宽 1.5~2.5 厘米,基部收狭成鞘并抱茎。花序具 3~8 朵花,通常不分枝;花苞片长圆状披针形,长 1.8~2 厘米,开花时凋落;花中等大,黄色或萼片和花瓣外侧黄绿色,内面黄白色;萼片和花瓣近等长,长圆形,长 18~23 毫米,宽 5~7 毫米;唇瓣椭圆形,白色或淡黄色,长 15~20 毫米,宽 8~12 毫米,在中部以上 3 裂;中裂片近正方形,边缘微波状,先端微凹;唇盘上面具 5 条纵脊状褶片。

产于刘家坪、丹堡、范坝、玉垒、店坝,生于海拔 1000~1500 米常绿阔叶林、针叶林或灌丛下。

中国特有	濒危等级	保护等级	CITES
否	EN	II 级(第二批)	附录 II

羊耳蒜

Liparis campylostalix H. G. Reich.

地生草本。假鳞茎卵形。叶2枚，卵形或近椭圆形，长5～10厘米，宽2～4厘米，边缘皱波状或近全缘，基部收狭成长3～8厘米的鞘状柄。花葶长12～50厘米；总状花序具数朵至10余朵花；花梗和子房长8～10毫米；花通常淡绿色，有时可变为粉红色或带紫红色；萼片线状披针形，长7～9毫米；花瓣丝状，长7～9毫米；唇瓣近倒卵形，长6～8毫米，宽4～5毫米，先端具短尖。

产于碧口、岷堡、范坝、邱家坝，生于海拔1000～2800米林下。

中国特有	濒危等级	保护等级	CITES
否	NE	Ⅱ级（第二批）	附录Ⅱ

小羊耳蒜
Liparis fargesii Finet

附生草本,很小。假鳞茎近圆柱形,长7~14毫米,直径约3毫米,彼此相连接而匍匐于岩石上,顶端具1叶。叶椭圆形或长圆形,坚纸质,长1~3厘米,宽5~8毫米,基部骤然收狭成柄;叶柄长3~6毫米。花葶长2~4厘米;总状花序长1~2厘米,具2~3朵花;花梗和子房长8~9毫米;花淡绿色;萼片线状披针形,长5~6毫米;花瓣狭线形,长5~6毫米,宽约0.3毫米;唇瓣近长圆形,中部略缢缩而呈提琴形,长4~5毫米。蒴果倒卵形,长6~7毫米,宽3~4毫米;果梗长6~7毫米。

产于刘家坪,生于海拔1040~1090米荫蔽处的石壁或岩石上。

中国特有	濒危等级	保护等级	CITES
是	NT	Ⅱ级(第二批)	附录Ⅱ

兰科

原沼兰

Malaxis monophyllos (Linn.) Swartz

地生草本,高 10~40 厘米。假鳞茎卵形,较小。叶 1 枚,较少 2 枚,卵形、长圆形或近椭圆形,长 2.5~12 厘米,宽 1~6 厘米,基部收狭成柄;叶柄多少鞘状,长 3~8 厘米,抱茎或上部离生。总状花序长 4~20 厘米,具数 10 朵或更多的花;花小,较密集,淡黄绿色至淡绿色;中萼片披针形,侧萼片线状披针形;花瓣近丝状;唇瓣长 3~4 毫米,先端骤然收狭而成线状披针形的尾。

产于丹堡、邱家坝,生于海拔 2200~3400 米林下、灌丛中或草坡上。

中国特有	濒危等级	保护等级	CITES
否	NE	II 级(第二批)	附录 II

兰科

长叶山兰
Oreorchis fargesii Finet

地生草本。假鳞茎椭圆形。叶2枚，偶有1枚，线状披针形或线形，长20~28厘米，宽0.8~1.8厘米，基部收狭成柄，有关节。花葶长20~30厘米；总状花序长2~6厘米，具较密集的花；花10余朵或更多，白色并有紫纹；萼片长圆状披针形，侧萼片斜歪并略宽于中萼片；花瓣狭卵形；唇瓣轮廓为长圆状倒卵形，长7.5~9毫米，近基部3裂，侧裂片线形，中裂片近椭圆状倒卵形，先端有不规则缺刻。

产于邱家坝、范坝，生于海拔2000~2500米林下、灌丛中或沟谷旁。

中国特有	濒危等级	保护等级	CITES
是	NT	II级（第二批）	附录II

杜鹃兰

Cremastra appendiculata (D. Don) Makino

地生草本,假鳞茎近球形。叶通常1枚,狭椭圆形或倒披针状狭椭圆形,长18~34厘米,宽5~8厘米;叶柄长7~17厘米。花葶近直立,长27~70厘米;总状花序长5~25厘米,具5~22朵花,花常偏向一侧,多少下垂;花梗和子房长3~9毫米;花不完全开放,有香气,狭钟形,淡紫褐色;萼片倒披针形;花瓣倒披针形;唇瓣与花瓣近等长,线形,上部1/4处3裂,侧裂片近线形;中裂片卵形至狭长圆形;蕊柱细长。蒴果近椭圆形。

产于范坝、丹堡、刘家坪、邱家坝,生于海拔1130~2400米阔叶林下湿润处。

中国特有	濒危等级	保护等级	CITES
否	NE	II级(第二批)	附录II

兰科

135

独花兰

Changnienia amoena S. S. Chien

地生草本。假鳞茎近椭圆形，肉质，有多节。叶1枚，宽椭圆形，长6.5~11.5厘米，宽5~8.2厘米，背面紫红色；叶柄长3.5~8厘米。花葶长10~17厘米，紫色，具2枚膜质抱茎的鞘；花梗和子房长7~9毫米；花大，白色而带肉红色或淡紫色晕；唇瓣略短于花瓣，有紫红色斑点，3裂，基部有距，中裂片宽倒卵状方形，先端和上部边缘具不规则波状缺刻；唇盘上在两枚侧裂片之间具5枚褶片状附属物；距角状，稍弯曲，长2~2.3厘米。

产于碧口、李子坝、范坝、丹堡，生于海拔900~1660米疏林下腐殖质丰富的土壤上。

中国特有	濒危等级	保护等级	CITES
否	NE	II级（第二批）	附录II

兰科

春兰

Cymbidium goeringii (H. G. Reich.) H. G. Reich.

地生植物。叶4～7枚，带形，长20～40厘米，宽5～9毫米，下部常多少对折，边缘无齿或具细齿。花葶长3～15厘米；花序具单朵花，极罕2朵；花梗和子房长2～4厘米；花色泽变化较大，通常为绿色或淡褐黄色而有紫褐色脉纹，有香气；萼片近长圆形；花瓣倒卵状椭圆形；唇瓣近卵形，长1.4～2.8厘米，不明显3裂，侧裂片直立，中裂片较大，强烈外弯，边缘略呈波状；唇盘上具2条纵褶片。

产于范坝、碧口、小团鱼河，生于海拔600～1700米栎类或枫香林下，或杂木林下。

中国特有	濒危等级	保护等级	CITES
否	NE	I级（第二批）	附录II

蕙兰

Cymbidium faberi Rolfe

地生草本。叶5~8枚，带形，长25~80厘米，宽4~12毫米，基部常对折，边缘常有粗锯齿。花葶长35~50厘米；总状花序具5至多花；花梗和子房长2~2.6厘米；花常为浅黄绿色，唇瓣有紫红色斑，有香气；萼片近披针状长圆形，长2.5~3.5厘米；花瓣与萼片相似，常略短而宽；唇瓣长圆状卵形，长2~2.5厘米，3裂，中裂片较长，强烈外弯，有明显、发亮的乳突，边缘常皱波状；唇盘上具2条纵褶片。

产于范坝、碧口、刘家坪、丹堡，生于海拔860~1470米栓皮栎或枫香林下，或杂木林下。

中国特有	濒危等级	保护等级	CITES
否	NE	I级（第二批）	附录II

少花鹤顶兰

Phaius delavayi (Finet) P. J. Cribb & Perner

地生草本,高20~35厘米。假茎长3~8厘米。叶椭圆形或倒卵状披针形,长12~22厘米,宽约4厘米,基部收狭为长2~6厘米的柄。花葶长达25厘米;总状花序长3~5厘米,俯垂,疏生2~7朵花;花梗和子房长约2厘米;花紫红色或浅黄色,萼片和花瓣边缘带紫色斑点;萼片近相似,长圆状披针形,长约2厘米;花瓣狭长圆形,长18毫米;唇瓣两侧围抱蕊柱,先端近截形而微凹,边缘啮蚀状;唇盘上具3条龙骨脊;距圆筒形,劲直,长6~10毫米。

产于邱家坝,生于海拔2700~3300米山谷溪边和混交林下。

中国特有	濒危等级	保护等级	CITES
是	NE	II级(第二批)	附录II

三棱虾脊兰

Calanthe tricarinata Lindl.

地生草本。假茎长4～15厘米。叶椭圆形或倒卵状披针形，长20～30厘米，宽5～11厘米，基部收狭为鞘状柄。花葶长达60厘米；总状花序长3～20厘米，疏生少数至多数花；花梗和子房长1～2厘米，密被短毛；萼片和花瓣浅黄色；萼片相似，长圆状披针形，长16～18毫米；花瓣倒卵状披针形；唇瓣红褐色，3裂，侧裂片小，中裂片肾形，长8～10毫米，宽10～18毫米，先端微凹，边缘强烈波状；唇盘上具3～5条鸡冠状褶片，无距。

产于丹堡、刘家坪、范坝、平台山、邱家坝、铁楼，生于海拔1390～2600米山坡草地上或混交林下。

中国特有	濒危等级	保护等级	CITES
是	NE	II级（第二批）	附录II

兰科

流苏虾脊兰
Calanthe alpina J. D. Hook. & Lindl.

地生草本，高达 50 厘米。假茎不明显或有时长达 7 厘米，具 3 枚鞘。叶 3 枚，椭圆形或倒卵状椭圆形，长 11～26 厘米，宽 3～6 厘米，基部收狭为鞘状短柄。总状花序长 3～12 厘米，疏生 3 至十余朵花；花梗和子房长约 2 厘米；萼片和花瓣白色带绿色或浅紫堇色；唇瓣浅白色，前部具紫红色条纹，半圆状扇形，不裂，长约 8 毫米，基部宽约 1.5 厘米，前端边缘具流苏；距浅黄色或浅紫堇色，圆筒形，劲直，长 1.5～3.5 厘米。

产于丹堡、邱家坝、铁楼，生于海拔 2000～3150 米山地林下。

中国特有	濒危等级	保护等级	CITES
否	LC	II 级（第二批）	附录 II

兰科

峨边虾脊兰

Calanthe yuana T. Tang & F. T. Wang

地生草本，高达 70 厘米。假茎长约 10 厘米。叶椭圆形，长 18~21 厘米，宽 4~6.5 厘米，基部收狭为长 7~10 厘米的鞘状柄。花葶密被短毛；总状花序长 29 厘米，疏生 14 朵花；花梗和子房长 16~20 毫米，下弯，密被短毛；花黄白色；中萼片椭圆形，侧萼片长圆状椭圆形；花瓣斜舌形，长 15 毫米；唇瓣的轮廓圆菱形，3 裂；侧裂片镰刀状长圆形，中裂片倒卵形，先端微凹；距圆筒形，伸直或稍弧曲，长 8 厘米。

产于碧口、范坝，生于海拔 810~1610 米常绿阔叶林下。

中国特有	濒危等级	保护等级	CITES
是	EN	Ⅱ级（第二批）	附录Ⅱ

兰科

细花虾脊兰

Calanthe mannii J. D. Hook.

地生草本。假茎长 5~7 厘米。叶倒披针形或有时长圆形,长 18~35 厘米,宽 3~4.5 厘米,基部近无柄或渐狭为长 5~10 厘米的柄。花葶长达 51 厘米,密被短毛;总状花序长 4~10 厘米,疏生或密生 10 余朵小花;花梗和子房长 5~7 毫米,密被短毛;花小;萼片和花瓣暗褐色;唇瓣金黄色,比花瓣短,3 裂;唇盘上具 3 条褶片或龙骨状脊,其末端在中裂片上呈三角形高高隆起;距短钝,伸直,长 1~3 毫米。

产于碧口、李子坝、范坝,生于海拔 1070~1175 米山坡林下。

中国特有	濒危等级	保护等级	CITES
否	LC	Ⅱ级(第二批)	附录Ⅱ

肾唇虾脊兰
Calanthe brevicornu Lindl.

地生草本。假茎长5~8厘米。叶椭圆形或倒卵状披针形,长约30厘米,宽5~11.5厘米,基部收狭为长约10厘米的鞘状柄。花莛密被短毛;总状花序长达30厘米,疏生多数花;花梗和子房长16~23厘米;萼片和花瓣黄绿色;萼片长圆形;花瓣长圆状披针形,比萼片短;唇瓣约等长于花瓣,3裂,侧裂片镰刀状长圆形,中裂片近肾形或圆形;唇盘粉红色,具3条黄色的高褶片;距长约2毫米。

产于邱家坝,生于海拔2000米左右山地密林下。

中国特有	濒危等级	保护等级	CITES
否	LC	Ⅱ级(第二批)	附录Ⅱ

弧距虾脊兰
Calanthe arcuata Rolfe

地生草本。叶狭椭圆状披针形，长达 28 厘米，中部宽 7~30 毫米，基部收狭成鞘状柄，边缘常波状。花葶 1~2，长 30~50 厘米，密被短毛；总状花序长约 10 厘米，疏生约 10 朵花；萼片和花瓣的背面黄绿色，内面红褐色；萼片狭披针形；花瓣线形，与萼片近等长；唇瓣白色带紫色先端，3 裂，中裂片椭圆状菱形，长 8~10 毫米，宽 6~7 毫米，边缘波状并具不整齐的齿；唇盘上具 3~5 条龙骨状脊；距圆筒形，细小，长约 5 毫米。

产于丹堡、碧口，生于海拔 1500~1560 米山地林下。

中国特有	濒危等级	保护等级	CITES
否	VU	II 级（第二批）	附录 II

戟形虾脊兰

Calanthe nipponica Makino

地生草本。叶斜展,狭披针形或狭椭圆形,长12~16厘米,宽1.5~2厘米,先端渐尖,基部收狭,近无柄,边缘波状,两面无毛。花葶直立,长达34厘米;总状花序长12厘米,疏生7朵花;花梗和子房长15~20毫米,弧形弯曲,密被毛,子房棒状;花淡黄色,俯垂;中萼片椭圆状披针形;侧萼片斜卵状披针形,与中萼片等长;花瓣线形,稍比萼片短;唇瓣基部紫褐色,与整个蕊柱翅合生,近卵状三角形,稍3裂,侧裂片近半圆形,中裂片近长圆形,先端骤尖,边缘略不整齐,唇盘上具3条褶片;距圆筒形,长4~5毫米,外面被毛,末端钝。

产于邱家坝,生于海拔2700米山坡林下。

中国特有	濒危等级	保护等级	CITES
是	VU	Ⅱ级(第二批)	附录Ⅱ

独蒜兰

Pleione bulbocodioides (Franch.) Rolfe

半附生草本。假鳞茎卵形。叶1枚，狭椭圆状披针形或近倒披针形，长10~25厘米，宽2~5.8厘米，基部渐狭成长2~6.5厘米的柄。花葶长7~20厘米，顶端具1~2花；花粉红色至淡紫色，唇瓣上有深色斑；中萼片近倒披针形，长3.5~5厘米，侧萼片与中萼片等长，常略宽；花瓣倒披针形，长3.5~5厘米；唇瓣轮廓为倒卵形，长3.5~4.5厘米，宽3~4厘米，不明显3裂，上部边缘撕裂状，具4~5条褶片，褶片啮蚀状，高可达1~1.5毫米。

产于刘家坪、丹堡，生于海拔1000~1980米苔藓覆盖的潮湿岩石上。

中国特有	濒危等级	保护等级	CITES
是	LC	Ⅱ级（第二批）	附录Ⅱ

兰科

瘦房兰

Ischnogyne mandarinorum (Kraenzl.) Schltr.

附生草本。假鳞茎近圆柱形,上部 1/3 弯曲成钩状。叶近直立,狭椭圆形,薄革质,长 4~7 厘米,宽 1.2~1.5 厘米;叶柄长 1~2 厘米。花葶(连花)长 5~7 厘米,顶端具 1 朵花;花梗和子房长 1~2 厘米;花白色,较大;萼片线状披针形;侧萼片基部延伸的囊长约 3 毫米;花瓣与萼片相似,但稍短;唇瓣长约 3 厘米,向基部渐狭,顶端 3 裂而略似肩状;侧裂片小;中裂片近方形;蕊柱长约 2.5 厘米。蒴果椭圆形。

产于丹堡、刘家坪,生于海拔 1030~1220 米沟谷旁岩石上。

中国特有	濒危等级	保护等级	CITES
是	NE	II级(第二批)	附录 II

主要参考文献

崔艳, 戚鹏程, 陈学林. 甘肃白水江国家级自然保护区珍稀植物的垂直分布及其保护 [J]. 广西植物, 2006, 26(6): 660-664.

傅立国. 中国植物红皮书 [M]. 北京: 科学出版社, 1991.

甘肃白水江国家级自然保护区管理局. 甘肃白水江国家级自然保护区综合科学考察报告 [M]. 兰州: 甘肃科学技术出版社, 1997.

国家林业局野生动植物保护与自然保护区管理司, 中国科学院植物研究所. 中国珍稀濒危植物图鉴 [M]. 北京: 中国林业出版社, 2013.

李良千. 甘肃白水江国家级自然保护区植物 [M]. 北京: 科学出版社, 2014.

汪松, 解焱. 中国物种红色名录 [M]. 北京: 高等教育出版社, 2004.

中国科学院北京植物研究所. 中国高等植物图鉴（第1-5册）[M]. 北京: 科学出版社, 1972-1983.

中国植物志编辑委员会. 中国植物志 [M]. 北京: 科学出版社, 1959-2004.

Boufford E. David, Zhang W. H. *Spiranthes sunii* Boufford & Wenheng Zhang sp. Nov.: a new *Rheophytic* orchid from Gansu Province, China[J]. Harvard Papers in Botany, 2008, 13(2): 261-266.

Flora of China[EB/OL]. http://foc.bio-mirror.cn/. Saint Louis: Missouri Botanical Garden Press, 1994-2013.

中文名索引

A

凹舌掌裂兰	94

B

斑叶兰	70
棒距无柱兰	100
北重楼	54

C

长叶山兰	132
穿龙薯蓣	56
春兰	138

D

大叶火烧兰	120
德钦红景天	24
东北茶藨子	26
独花兰	136
独蒜兰	158
独叶草	20
杜鹃兰	134
短距手参	108
对耳舌唇兰	88
对叶杓兰	68

E

峨边虾脊兰	148
二叶盔花兰	80

G

葛枣猕猴桃	36
珙桐	42
狗枣猕猴桃	32
光叶珙桐	44
广布小红门兰	84

H

褐花杓兰	62
红豆杉	8
红豆树	28
厚朴	22
弧距虾脊兰	154
华西小红门兰	82
黄花白及	124
蕙兰	140
火烧兰	118

J

戟形虾脊兰	156
尖唇鸟巢兰	102
角盘兰	96

L

连香树	14
流苏虾脊兰	146
绿花杓兰	58

M

麦吊云杉	4
毛萼山珊瑚	112
毛杓兰	64
美丽芍药	18

N

南方山荷叶	46

Q

七叶一枝花	50
秦岭冷杉	6
蜻蜓舌唇兰	86

R

软枣猕猴桃	30

S

三棱虾脊兰	144
扇脉杓兰	66
少花鹤顶兰	142
舌唇兰	90
肾唇虾脊兰	152
手参	104
绶草	76
瘦房兰	160
水青树	12
四萼猕猴桃	34
宋氏绶草	78

T

天麻	74
头蕊兰	116

W

文县重楼	52
卧龙斑叶兰	72

X

西藏杓兰	60
西南手参	106
喜树	40
细花虾脊兰	150
香果树	48
小白及	122
小花舌唇兰	92
小花玉凤花	110
小羊耳蒜	128

Y

羊耳蒜	126
一花无柱兰	98
银兰	114
银杏	2
原沼兰	130

Z

中华猕猴桃	38
紫斑牡丹	16

拉丁名索引

A

Abies chensiensis	6
Actinidia arguta	30
Actinidia chinensis	38
Actinidia kolomikta	32
Actinidia polygama	36
Actinidia tetramera	34
Amitostigma bifoliatum	100
Amitostigma monanthum	98

B

Bletilla formosana	122
Bletilla ochracea	124

C

Calanthe alpina	146
Calanthe arcuata	154
Calanthe brevicornu	152
Calanthe mannii	150
Calanthe nipponica	156
Calanthe tricarinata	144
Calanthe yuana	148
Camptotheca acuminata	40
Cephalanthera erecta	114
Cephalanthera longifolia	116
Cercidiphyllum japonicum	14
Changnienia amoena	136
Cremastra appendiculata	134
Cymbidium faberi	140
Cymbidium goeringii	138
Cypripedium calcicola	62
Cypripedium debile	68
Cypripedium franchetii	64
Cypripedium henryi	58
Cypripedium japonicum	66
Cypripedium tibeticum	60

D

Dactylorhiza viridis	94
Davidia involucrata	42
Davidia involucrata var. *vilmoriniana*	44
Dioscorea nipponica	56
Diphylleia sinensis	46

E

Emmenopterys henryi	48
Epipactis helleborine	118
Epipactis mairei	120

G

Galearis spathulata	80
Galeola lindleyana	112
Gastrodia elata	74
Ginkgo biloba	2
Goodyera schlechtendaliana	70
Goodyera wolongensis	72
Gymnadenia conopsea	104
Gymnadenia crassinervis	108
Gymnadenia orchidis	106

H

Habenaria acianthoides	110
Herminium monorchis	96
Houpoëa officinalis	22

I

Ischnogyne mandarinorum	160

K

Kingdonia uniflora	20

L

Liparis campylostalix	126

Liparis fargesii 128

M
Malaxis monophyllos 130

N
Neottia acuminata 102

O
Oreorchis fargesii 132
Ormosia hosiei 28

P
Paeonia mairei 18
Paeonia rockii 16
Paris polyphylla 50
Paris verticillata 54
Paris wenxianensis 52
Phaius delavayi 142
Picea brachytyla 4

Platanthera finetiana 88
Platanthera japonica 90
Platanthera minutiflora 92
Platanthera souliei 86
Pleione bulbocodioides 158
Ponerorchis chusua 84
Ponerorchis limprichtii 82

R
Rhodiola atuntsuensis 24
Ribes mandshuricum 26

S
Spiranthes sinensis 76
Spiranthes sunii 78

T
Taxus wallichiana var. *chinensis* 8
Tetracentron sinense 12